Bibliografische Information der Deutschen Nationalbibliothek:

Die Deutsche Bibliothek verzeichnet diese Publikation in der Deutschen Nationalbibliografie; detaillierte bibliografische Daten sind im Internet über http://dnb.d-nb.de/ abrufbar.

Impressum:

Druck und Bindung: Books on Demand GmbH, Norderstedt Germany
ISBN: 9783640552092

Dieses Buch bei GRIN:

http://www.grin.com/de/e-book/142646/allgemeine-grundlagen-brandschutz

Rainer Jaspers

Allgemeine Grundlagen Brandschutz

Verwendete Baustoffe, Herabsetzung der Brennbarkeit von Baustoffen, Brandbekämpfung, Löscheffekte, Chemie der Feuermittel

GRIN Verlag

ALLGEMEINE GRUNDLAGEN ZUM BRANDSCHUTZ verwendete Baustoffe, Herabsetzung der Brennbarkeit von Baustoffen, Brandbekämpfung, Löscheffekte, Chemie der Feuermittel

1 Anforderungen

Die Maßnahmen zur Verhütung von Bränden sind vielgestaltig und umfassen z. B.

- die Errichtung von Brandwänden zur Unterteilung von Gebäuden,
- den Einbau feuerbeständiger oder feuerhemmender Türen,
- Vorkehrungen zur Verhinderung der Fortpflanzung von Bränden durch qualifizierte Schächte, Brandschutzklappen, zweckentsprechende Anlage von Feuerstätten und Schornsteinen,
- technische Brandschutzeinrichtungen (wie Lösch- und Brandmeldeanlagen)
- wie auch Maßnahmen zur Verhütung elektrostatischer Aufladungen,

z.B. durch Anbringung von Blitzschutzanlagen an Gebäuden, durch Nachschleifen einer Eisenkette an Kraftfahrzeugen, die mit leicht entzündlichem Material beladen sind, oder Maßnahmen zur Verhinderung der Überlastung elektrischer Netze bzw. zur Herabsetzung der Brennbarkeit von Holz, Papier und Textilien durch Imprägnierungen und Anstriche.

Die nachfolgenden Ausführungen beschränken sich auf einen kurzen Überblick über die feuerfesten Werkstoffe,

- die Möglichkeiten zur Herabsetzung der Brennbarkeit von Holz und Geweben,
- die Verhinderung elektrostatischer Aufladungen und
- die Verhütung von Schlagwetterexplosionen in Steinkohlenbergwerken und
- die Verhütung von Mineralöltankbränden.

2 Feuerfeste Werkstoffe

Bei der Auswahl der Werkstoffe für Bauten und Konstruktionen, sowie für die Innenausstattung von Räumen, besonders von Fabrikations- und Lagerungsstätten, in denen leichtentzündliche Stoffe verarbeitet oder aufbewahrt werden, wird es nicht immer möglich sein, nur Werkstoffe zu berücksichtigen, die von Natur aus unbrennbar bzw. unter praktisch vorliegenden Verhältnissen unbrennbar oder wenigstens schwerentflammbar sind.

Nach Möglichkeit sollte jedoch der Grundsatz, dass für Sicherheit und Schutz gegen Brandereignisse der **"VORBEUGENDE BRANDSCHUTZ"** bei allen Erwägungen voranzustellen ist.

(*Forschung und Technik im Brandschutz 2/55, VFDB-Zeitschrift*)

Die neuzeitliche Bauweise unter Verwendung von Stahl, Beton und Glas entspricht dieser Forderung.

Abgesehen vom Bausektor gibt es zahlreiche andere Gelegenheiten, bei denen brennbare Stoffe durch unbrennbare ersetzt werden können. Es sei hier nur an die Verwendung von Helium an Stelle von Wasserstoff zur Füllung von Luftschiffen erinnert. Auch sonst finden Gase, vor allem Stickstoff und Edelgase, als Schutzgase mannigfache Anwendungen.

Zu den eigentlichen nichtbrennbaren Werkstoffen gehören

- **die Schwermetalle,**
- **die Natursteine und Mörtel und**
- **die keramischen Baustoffe.**

Verschiedene organische Werkstoffe sind teils unbrennbar, teils schwer entflammbar. Von den Leichtmetallen kann das Titan als praktisch unbrennbar angesprochen werden; es hat in den letzten Jahren wachsende Bedeutung erlangt.

(*Virtaler: Baudichte und Brandsicherheit, 1954*)

2.1 Metalle

Nach DIN 4102 gelten Gusseisen, Stahl und „andere Metalle in nicht fein verteilter Form" als unbrennbare Baustoffe.

Im Bauwesen werden in zunehmendem Masse auch Leichtmetalle verwendet; die Erfahrungen bei Flugzeugbränden zeigen, dass diese u. U. auch in kompakter Form in Brand geraten können.

Unter gewöhnlichen Umständen sind außer den erwähnten Eisenmetallen auch **Kupfer, Messing, Nicke**l und die im chemischen Apparatebau verwendeten Metalle **Silber, Blei, Chrom, Platin** und einige andere ebenfalls unbrennbar.

Ein Nachteil der Metalle bezüglich ihrer Verwendung als Bau- und Werkstoffe ist die Erscheinung, dass durch die Brandbeaufschlagung durch Wärme Formänderungen erleiden oder sogar schmelzen können. So verbiegen sich beispielsweise Eisenträger. Es wurden Sonderlegierungen geschaffen, die auch bei extremen Brandtemperaturen sowohl chemisch als auch mechanisch widerstandsfähig bleiben.

In USA wurde unter der Bezeichnung „Thermenol" eine neue Legierung bekannt, die neben hoher Hitzebeständigkeit auch gute Korrosionsbeständigkeit aufweist.

(*Staatsverlag DDR, Brandschutzformeln und Tabellen, Berlin 1977*)

2.2 Keramische Werkstoffe

Die keramischen Werkstoffe sind im Sinne von DIN 4102 als „nichtbrennbare" Baustoffe und zu Bauteilen geformt als „feuerbeständig" bzw. „hochfeuerbeständig" anzusprechen.

a.) Allgemeine Eigenschaften

Neben dem Merkmal der Unbrennbarkeit werden an diese Stoffe mannigfache andere Anforderungen gestellt, deren Erfüllung ihre Eignung als Werkstoffe für die verschiedensten Zwecke und Beanspruchungen begründet. Als wesentlichste Beanspruchungen kommen solche mechanischer, thermischer und chemischer Art, ferner Temperaturwechselbeanspruchung) in Frage. Die Bewertungsmassstäbe sind durch Vereinbarung festgelegt und z. T. bereits in Normblättern verankert.

b.) Organische Verbindungen

Den Begriff "feuerbeständig" kann man streng genommen auf organische Verbindungen nicht anwenden, da alle organischen Verbindungen bei verhältnismäßig niedrigen Temperaturen schmelzen, sich verflüchtigen oder zersetzen; die meisten organischen Verbindungen brennen sogar. Es gibt jedoch einige organische Verbindungen, die sich dadurch auszeichnen, dass sie nicht brennen und bei ihrer pyrogenen Zersetzung, die erst bei etwas höheren Temperaturen, etwa ab 300° C, einsetzt, keine brennbaren Gase abspalten. Sie finden als unbrennbare Überzüge, Isolier- und Vergussmassen, als thermisch widerstandsfähige Öle und Lösungsmittel ausgedehnte Anwendung.

(*Staatsverlag DDR, Brandschutzformeln und Tabellen, Berlin 1977*)

2.3 Kunststoffe

Unter den makromolekularen Stoffen gibt es eine größere Anzahl schwer- brennbarer bzw. schwerentflammbarer Vertreter.

Hier ist in erster Linie der Chlorkautschuk zu nennen. Er wird durch Einwirkung von Chlor auf gelösten Kautschuk gewonnen, wobei teils eine Chloranlagerung an die Doppelbindungen der Isoprenbausteine, teils eine Substitution ihrer Wasserstoffatome erfolgt:

$$\cdots-CH_2-\underset{\underset{CH_3}{|}}{C}=CH-CH_2-:\cdots \xrightarrow{\text{Chlor}} \cdots-\overset{Cl}{\overset{|}{C}}H-\overset{Cl}{\overset{|}{\underset{\underset{CH_3}{|}}{C}}}-\overset{Cl}{\overset{|}{C}}H-\overset{Cl}{\overset{|}{C}}H-\cdots$$

(*Staatsverlag DDR, Brandschutzformeln und Tabellen, Berlin 1977*)

Die Unbrennbarkeit wird durch den Eintritt der Chloratome in das Molekül hervorgerufen. Ein verwandtes Produkt ist das unter der Bezeichnung „Neopren" bekannte Polymerisat des Chloroprens:

CH2==CH—CCI=CH2

(*Staatsverlag DDR, Brandschutzformeln und Tabellen, Berlin 1977*)

Harnstoff-Formaldehyd-Harze sind in Form fester Schäume unentflammbar und finden in dieser Form als Wärmedämmstoffe vielfache Verwendung.

Das Verhalten eines derartigen, als „Iporka" bezeichneten Schaumstoffes wurde untersucht und festgestellt, dass dieses Material infolge seiner Unentflammbarkeit bei entstehenden Bränden nicht zur Ausbreitung des Brandes beitragen kann; Iporka glimmt auch nicht nach.

Zwei moderne, praktisch unbrennbare Kunststoffe, die sich im Übrigen auch durch sehr gute Beständigkeit gegenüber aggressiven Agenzien auszeichnen, sind das Polytrifluormonochloräthylen und das Polytetrafluoräthylen.

Die als Silikonöle bekannten siliziumorganischen Verbindungen auf der Basis von Alkylpolysiloxanen sind zwar nicht unentflammbar, aber bis hinauf zu Temperaturen um 4000°C gegen thermische Einflüsse sehr widerstandsfähig.

Als schwerentflammbar gilt auch die Azetylzellulose, die zur Herstellung von „Sicherheitsfilmen" verwendet wird.

Durch intensive Bestrahlung thermoplastischer Kunststoffe mit y-Strahlen oder Neutronen werden zusätzliche Hauptvalenzverknüpfungen zwischen einzelnen benachbarten Kohlenstoffatomen hergestellt („crosslinking"), wodurch sich die Eigenschaften der Kunststoffe z. T. grundlegend ändern. So wird Polyäthylen durch Bestrahlung unschmelzbar.

Bestrahltes Polystyrol ist bei 250°C noch fest, während unbestrahltes Polystyrol bei dieser Temperatur schon zu einer viskosen Flüssigkeit geschmolzen ist. Es ist wahrscheinlich, dass die Übertragung dieser wissenschaftlichen Erkenntnisse in die Technik ganz neue Möglichkeiten zur Beeinflussung der Werkstoffeigenschaften von Kunststoffen erschließen wird, die auch dem vorbeugenden Brandschutz zugute kommen werden.

(*Staatsverlag DDR, Brandschutzformeln und Tabellen, Berlin 1977*)

3 Herabsetzung der Brennbarkeit *(Seekamp: Die Zukunft der Feuerlöschmittel, 1957)*

Neben der Verwendung von Werkstoffen, die von vornherein unbrennbar oder schwer entflammbar sind, ist für den vorbeugenden Brandschutz vor allem die künstliche Herabsetzung der Brennbarkeit brennbarer Stoffe von Bedeutung. Sie wird angewendet, um pflanzliche und tierische Fasern im natürlichen oder chemisch modifizierten Zustand, ganz besonders Holz und Textilien, schwer entflammbar zu machen.

Eine völlige Unbrennbarkeit lässt sich durch den sog. chemischen Feuerschutz des Holzes und verwandter Stoffe nicht erzielen. Es kann aber ein sehr hoher Grad von Schwerentflammbarkeit erreicht werden; dadurch wird eine schnelle Ausbreitung eines Entstehungsbrandes so stark verzögert, dass eine Brandbekämpfung aussichtsreich wird.

Die Erfolge mit neuzeitlichen Feuerschutzmitteln sind teilweise so überraschend, dass beinahe von einer Unbrennbarmachung gesprochen werden kann; diese sind aber nach wie vor in der Erprobungsphase und noch nicht allgemeingültig zu verwenden.

3.1 Die wirksamen Effekte

Der Erfolg der Feuerschutzmittel beruht auf verschiedenen Effekten, die entweder einzeln oder vereint wirksam werden können.

<u>Es lassen sich vier Haupteffekte unterscheiden</u>:

a) die Schutzschichtbildung

b) die Schaumschichtbildung

c) die Löschgasentwicklung

d) die Förderung der Verkohlung

3.2 Schutzschichtbildung

Die Bildung einer Schutzschicht kann zunächst auf rein mechanische Weise derart erfolgen, dass ein Überzug auf das zu schützende Holz aufgebracht wird, der dem Luftsauerstoff mehr oder weniger stark den Zutritt verwehrt.

Ein Nachteil der nur mechanisch wirkenden Schutzschicht besteht darin, dass sie schon unter gewöhnlichen Verhältnissen im Laufe der Zeit merklich und bei Einwirkung von Hitze rasch abplatzt.

3.3 Schaumschichtbildung

Schaumschichten sind Schutzschichten, die sich dadurch von den vorstehend erwähnten wesentlich unterscheiden, dass zu dem mechanischen Abschluss u. a. des Holzes gegen den Luftsauerstoff die Wärmedämmung des Schaums entscheidend hinzutritt. Schäume besitzen ein hohes Wärmedämmvermögen, und die Erfahrung zeigt, dass Feuerschutzanstriche, die Schaumschichten bilden, von ganz hervorragender Wirksamkeit sind.

(*Forschung und Technik im Brandschutz 2/55, VFDB-Zeitschrift*)

3.4 Anforderungen an Feuerschutzmittel

Nicht jede Substanz, die einen oder gleichzeitig mehrere der vorstehend beschriebenen Effekte entfalten kann, ist ohne weiteres als Feuerschutzmittel verwendbar. Die Feuerschutzmittel müssen ganz bestimmten Anforderungen genügen, unter denen die Feuerschutzwirkung zwar die wichtigste, aber nicht die allein ausschlaggebende ist.

(*Forschung* und *Technik im Brandschutz 2/55, VFDB-Zeitschrift*)

4 Allgemeine Betrachtungen über den Löschvorgang

Der Löschvorgang ist eine Phase des Brandverlaufs, die in dem Zeitpunkt einsetzt, in welchem das Löschmittel als neue stoffliche Komponente in den Brand eingreift.

Die Löschvorgänge verlaufen entsprechend den verschiedenen Löscheffekten, die die einzelnen Feuerlöschmittel entfalten, sehr verschieden. Der Behandlung der besonderen Eigenschaften und Wirkungsmöglichkeiten der Feuerlöschmittel soll dieser allgemeine Teil, der sich in der Hauptsache mit den möglichen Löscheffekten befasst, vorangestellt werden.

4.1 Die Brandbedingungen

Die vorwiegend theoretischen Gedankengänge der Brandlehre besitzen für die Praxis der Brandbekämpfung eine große Bedeutung, weil sie den Schlüssel zur Deutung der Wirkungsmöglichkeiten der Löschmittel enthalten. Sie bieten damit auch den Ausgangspunkt für alle Bestrebungen, die nicht nur auf die Wirkungssteigerung bekannter und die Entwicklung neuer Löschmittel zielen, sondern auch auf das Grundsätzliche eines objektgerechten Einsatzes der Löschmittel zur Erreichung eines optimalen Erfolges bei einen minimalen Verbrauch unter Vermeidung von Nebenschäden und Verhinderung von Gefahren ausgerichtet sind.

Die Brandlehre zeigt im Einzelnen die stofflichen und energetischen Bedingungen, die erfüllt sein müssen, damit ein Brand entstehen kann bzw. aufrechterhalten bleibt.

Die Löschmaßnahmen schaffen Bedingungen, welche die Erfüllung der Brandbedingungen behindern bzw. verhindern. Die Lehre vom Löschen, im Besonderen die Lehre von der Löschmittelwirkung und die sich daraus ergebenden chemischen und physikalischen Anforderungen an die Löschmittel und an die Grundsätze für den Bau von Löschgeräten, wurzeln daher in der Brandlehre. Es wird sich im Folgenden zeigen, dass die theoretischen Grundlagen der Brandlehre für die Praxis der abwehrenden Brandbekämpfung sehr fruchtbar sind.

4.2 Die Löscheffekte

Der Löschvorgang ist in stofflicher, thermodynamischer und kinetischer Beziehung noch viel komplizierter als der unbeeinflusste Brandvorgang. Es empfiehlt sich, die Wirkung der Löschmittel theoretisch in Einzeleffekte aufzugliedern, die sich im Wesentlichen aus der weitgehenden oder vollständigen Verhinderung der Erfüllung der Brandbedingungen ergeben.

Diese Maßnahme entspricht dem erstrebenswerten Versuch, einerseits den komplexen Löschvorgang zu entwirren und andererseits ein brauchbares Einteilungsprinzip für die Löschmittel zu erhalten. Allerdings muss dabei die Tatsache beachtet werden, dass die einzelnen Löschmittelgruppen nicht einseitig den die jeweilige Gruppe kennzeichnenden Effekt entfalten.

Die vier Hauptlöscheffekte sind

➔ **der Verdünnungseffekt,**
➔ **der Kühleffekt,**
➔ **der Stickeffekt und**
➔ **der antikatalytische Effekt.**

Sie können in Untereffekte unterteilt werden, welche die besonderen Formen ihrer Wirkungsentfaltung ausdrücken.

4.3 Der Sublimationseffekt

Der Sublimationseffekt entspricht dem Verdampfungseffekt; er bezieht sich auf sublimierende feste Löschmittel. Praktisch kommt nur die Sublimation des Kohlensäureschnees in Frage. Da das Kohlendioxyd aber vorwiegend erstickend wirkt, ist der Sublimationseffekt ein untergeordneter Nebeneffekt.

4.4 Der Dämmeffekt

Der Dämmeffekt kommt dadurch zustande, dass eine Löschmittelschicht, z.B. als Pulver- oder Nebelwolke, als Kruste, vor allem aber als Löschschaumdecke, infolge geringer Wärmeleitfähigkeit ein Übergreifen des Brandes auf noch nicht vom Feuer erfasste Teile oder eine Widererhitzung bereits abgelöschter Teile des Brandobjektes verhindert.

Der Dämmeffekt ist kein Kühleffekt im thermodynamischen Sinne. Da er aber in vielen Fällen für die Lokalisierung eines Brandes und die Nachhaltigkeit einer Löschung von großer Bedeutung ist, möge er an dieser Stelle erwähnt werden.

4.5 Der Stickeffekt

Der Stickeffekt entfaltet sich in der Weise, dass das Löschmittel in Form einer Gas-, Dampf-, Nebel- oder Staubwolke, u. U. auch als Kruste oder Schaumschicht, den Brandstoff einhüllt und dadurch dem Luftsauerstoff den Zutritt ganz oder teilweise verwehrt.

Der Löscherfolg hängt auch bei der Anwendung erstickender Löschmittel von der in der Zeiteinheit aufgebrachten Löschmittelmenge ab. Daneben ist das Beharrungsvermögen des Löschmittels am Objekt sehr wichtig. Eine erstickende Löschwolke, die von den Flammengasen rasch weggespült wird, kann höchstens eine vorübergehende Wirkung haben.

(*Forschung und Technik im Brandschutz 2/55, VFDB-Zeitschrift*)

5 Die Chemie der Feuerlöschmittel

Die Behandlung der Feuerlöschmittel im einzelnen wird nachfolgend auf diejenigen beschränkt, die eine aktuelle Bedeutung besitzen, und zwar entweder auf Grund ihrer jetzigen Verwendung oder auf Grund einer von ihnen zu erwartenden wesentlichen Förderung der Chemie des Feuerlöschwesens. Diese Auswahl scheidet von vornherein eine Aufzählung der vielen, vor allem in der Patentliteratur beschriebenen, Vorschläge für Feuerlöschmittel aus, die in der Vergangenheit keine Bedeutung gewinnen konnten und in der Zukunft nicht mit einer Anwendung rechnen können.

5.1 Gruppe 1: Löschmittel, die vorwiegend kühlend wirken

5.2 Wasser

Unter allen Feuerlöschmitteln besitzt das Wasser zweifellos die größte Bedeutung, weil es als billiges Löschmittel meist in der Nähe von Brandstellen in ausreichender Menge vorhanden und zur Bekämpfung vieler Arten von Bränden geeignet ist.

Oft muss es aus Mangel eines besser geeigneten Löschmittels, unter Inkaufnahme nicht unerheblicher Wassernebenschäden angewendet werden.

Es gibt auch Brände, bei deren Bekämpfung sich die Anwendung des Wassers teils als wirkungslos, teils als gefahrvoll verbietet. Diese Brände werden mit den „chemischen" Feuerlöschmitteln bekämpft.

Es ist eine verbreitete Meinung, dass das Wasser als ureigenstes Löschmittel der Feuerwehr hauptsächlich der Bekämpfung größerer Brände diene, während die übrigen Feuerlöschmittel vorzugsweise für den Gebrauch in Handfeuerlöschern zur Bekämpfung von Entstehungsbränden eingesetzt werden sollten.

Diese Auffassung ist irrig; denn auch die Feuerwehr wendet in vielen Fällen andere Löschmittel als Wasser an, und zwar nicht nur bei der Bekämpfung von kleineren Bränden, sondern man denke an die Anwendung von Schaum zur Bekämpfung großer und größter Brände, z.B. in der Mineralölindustrie.

Auch die stationären Anlagen zum Schutze gegen Großbrände arbeiten hier nicht mit Wasser, sondern mit Kohlensäure und Schaum. Neuerdings wird sogar die Tendenz erkennbar, auch das Trockenlöschpulver bei Großbränden mit Fahrzeugen und in stationären Anlagen einzusetzen.

Andererseits wird das Wasser auch in Löschsystemen angewendet, die typisch sind für den Einsatz gegen Entstehungsbrände vor dem Eintreffen der Feuerwehr; hier wären beispielsweise die sog. Nasslöscher (Wasser-Handlöscher und die Sprinkleranlagen) zu nennen.

5.3 Gruppe 2: Löschmittel, die vorwiegend erstickend wirken

5.4 Wasserdampf

In einigen älteren Werken der Mineralölindustrie befinden sich noch Wasserdampf-Löschanlagen. Sie arbeiten mit Niederdruckdampf. Die Löschwirkung kommt durch Luftverdrängung, in geringem Masse auch durch Kühlung zustande.

5.5 Kohlensäure

Das unter der Bezeichnung Kohlensäure verstandene Feuerlöschmittel ist das Kohlendioxyd CO_2, also das Anhydrid der im wasserfreien Zustand unbekannten Kohlensäure H_2CO. Es ist in der Technik allgemein üblich geworden, das Kohlendioxyd als Kohlensäure zu bezeichnen.

Über die Kohlensäure wurden weiter oben schon vielfach mehr oder weniger ausführliche Angaben gemacht. Diese werden nachstehend unter Hervorhebung der für die Kohlensäure als Feuerlöschmittel typischen Merkmale ergänzt und erweitert.

Möglichkeiten und Grenzend der Kohlensäureanwendung

Die Kohlensäure hat als vorwiegend erstickendes Löschmittel ohne zeitlich ausgedehnte Wirkung insofern eine klar gezogene Grenze ihrer Anwendungsmöglichkeiten, als sie auf das Löschen von Flammbränden beschränkt bleiben muss. Eine einzige winzig kleine Glutstelle, die beim Ablöschen zurückbleibt, kann, besonders bei leichtflüchtigen Brandstoffen, den ganzen Löscherfolg zunichte machen.

Weiterhin kann Kohlensäure als Löschmittel nur bei Entstehungsbränden im strengen Sinne des Wortes gebraucht werden; nach langer Branddauer erhitzt sich die -Umgebung des Brandstoffes, z.B. die Wandung eines Behälters, so stark, dass nach dem Ablöschen ein Widerentflammen erfolgt, sobald die Löschgaswolke verflogen ist; kleinere Brandobjekte können bei genügendem Löschmittelvorrat u. U. durch mehrmaliges Löschen in solchen Fällen noch beherrscht werden.

Hauptanwendungsfeld für die Kohlensäure sind Flüssigkeitsbrände kleineren und mittleren Umfangs, wie sie beispielsweise im Kraftverkehr und in der Luftfahrt auftreten. In geschlossenen Räumen eignet sie sich zum Schutz von Waschanlagen, Lackkesseln und elektrischen Anlagen, besonders Schwachstromanlagen. In allen diesen Fällen wird an der Kohlensäure vor allem die Tatsache geschätzt, dass sie nach dem Ablöschen keinerlei Rückstände hinterlässt.

Aufgrund der gesundheitsschädlichen Wirkung von CO_2 werden derzeit deshalb schon andere Löschgase eingesetzt, z. B. Argon, FM 200, Trigon 300, Novec 1230 usw.

5.6 Trockenlöschpulver

Die eigentlichen Trockenlöschpulver sind gasabspaltende Pulver. Sie verdanken ihre Löschwirkung in erster Linie diesem Umstand, wenngleich auch andere Effekte dazu beitragen, wie weiter unten ausgeführt ist.

Unter den verschiedenen Löschverfahren nimmt das Trockenlöschverfahren seit 40 Jahren eine besondere Stellung ein, die durch die Eigenart des Löschmittels, seine beinahe universelle Verwendungsmöglichkeit, die Zuverlässigkeit seiner Wirkung und eine Reihe anderer Vorzüge bedingt ist.

Lange Zeit blieb das Trockenlöschpulver auf die Anwendung im Handfeuerlöscher beschränkt. Neuerdings macht sich aber, veranlasst durch Fortschritte auf der Seite des Löschmittels und durch neue Aufgabenstellungen der Verbraucher, eine Entwicklung bemerkbar, die auf eine weitere Erhöhung der Löschwirkung des Trockenlöschpulvers, auf eine Vergrößerung der Löschkapazität bei weitestgehender Vereinfachung der Handhabung der Apparate und vor allem auf den Bau von größeren fahrbaren Geräten, Trockenlöschfahrzeugen und stationären Trockenlöschanlagen abzielt.

Der Wirbelschichtcharakter einer auf das Brandobjekt strömenden Löschpulverwolke bewirkt einen raschen Wärmeausgleich innerhalb der Löschpulverwolke und somit eine schnelle Zersetzung des Pulvers. Außerdem führt die Löschpulverwolke rasch große Wärmemengen an die kühlere Umgebung des Brandherdes ab.

Dass dieser Effekt sehr wichtig ist, zeigt die Beobachtung, dass beim Angriff eines Brandes mit Trockenlöschpulver unter Verwendung einer im Vergleich zur Größe des Feuers zu geringen Löschmittelmenge das Trockenlöschpulver praktisch wirkungslos bleibt, zumal dann, wenn es in einem geschlossenen Strahl mitten in den Brandherd geschleudert wird. Es fehlt dann die Verbindung der wärmeübertragenden Löschpulverwirbelschicht zu dem Wärmebehälter auf tieferer Temperatur, nämlich der umgebenden Atmosphäre. Die Konsequenzen, die sich hieraus für die Gestaltung des Löschpulverstrahls unter Verwendung entsprechender Ausspritzdüsen ergeben, sind offensichtlich.

Anforderungen an Trockenlöschpulver

Nicht jedes Natriumhydrogenkarbonat kann als Trockenlöschpulver verwendet werden. Ein Trockenlöschpulver muss bestimmten Anforderungen entsprechen, die es teils auf Grund der chemischen Eigenschaften seiner Komponenten, teils auf Grund besonderer Aufbereitung erfüllt.

Löschfähigkeit

Die erste und wichtigste Eigenschaft eines Trockenlöschpulvers ist seine Löschfähigkeit. Die Unterschiede in dieser Beziehung sind bei den handelsüblichen Trockenlöschpulvern trotz gleicher chemischer Zusammensetzung oft erstaunlich groß und wahrscheinlich auf gewisse physikalische Eigenschaften zurückzuführen, unter denen die Kornform und das Korngrößenspektrum besonders hervorragen.

Förderfähigkeit

Die Anwendung des Trockenlöschpulvers in neuzeitlichen Apparaten, die mit Schlauch und Ausspritzdüse mit Absperrorgan versehen sind, sowie in stationären Anlagen mit einem u, U. verschlungenen Rohrleitungssystem verlangt eine Förderfähigkeit des Trockenlöschpulvers, die der einer Flüssigkeit nicht nachstehen darf. Das Trockenlöschpulver muss sich „quasiflüssig" verhalten. Es muss möglich sein, den 10 bis 20 m langen Schlauch eines fahrbaren Gerätes am Ausspritzende beliebig oft abzusperren und wieder zu öffnen, wobei nach dem Wiederöffnen das im Schlauch unter Druck stehende Pulver in gleichmäßigem Strom, ohne zu stoßen, ausfließen muss.

Haltbarkeit

Eine besonders wichtige Eigenschaft des Trockenlöschpulvers ist seine Haltbarkeit. Das Pulver befindet sich u. U. viele Jahre im Behälter eines Löschgerätes und muss im Einsatzfalle einwandfrei ausströmen. Es darf während seiner Lagerung in den Behältern der Löschgeräte nicht zusammenbacken, keine Klumpen bilden und seine Rieselfähigkeit nicht einbüßen.

Diese Forderung steht in einem gewissen Gegensatz zu der Hygroskopizität des Natriumhydrogenkarbonats, die zwar nur gering, aber doch so groß ist, dass unbehandeltes Natriumhydrogenkarbonat bei Lagerung an der Luft in verhältnismäßig kurzer Zeit zusammenbäckt.

Der Zutritt der Luftfeuchtigkeit in das Innere der Trockenlöschgeräte kann nicht mit Sicherheit ausgeschlossen werden. Die Gewähr, dass das Trockenlöschpulver funktionstüchtig bleibt, ist daher nur gegeben, wenn das Natriumhydrogenkarbonat in der oben beschriebenen Weise wasserabweisend gemacht wird. Auch in dieser Beziehung müssen die Anforderungen heute hoch sein.

Es kann verlangt werden, dass eine Löschpulvermenge, die etwa einem gehäuften Esslöffel entspricht, als geschlossener Klumpen in gewöhnliches Wasser gebracht, bei ungestörter Lagerung mindestens 2 Wochen als Klumpen erhalten bleibt und nach vorsichtiger Entnahme noch einen trockenen Kern aufweist („Wasserprobe").

Ungiftigkeit

Die an alle Feuerlöschmittel grundsätzlich gestellte, allerdings von einigen Löschmitteln nicht erfüllte Forderung nach physiologischer Unbedenklichkeit ist beim Trockenlöschpulver, sofern es richtig zusammengesetzt ist, erfüllt.

Unschädlichkeit gegenüber Werkstoffen

Neben der Unschädlichkeit für den Löschenden wird vom Trockenlöschpulver auch Unschädlichkeit gegenüber den abzulöschenden Objekten und ihrer Umgebung verlangt. Auf Einzelheiten kann wegen der fast unbegrenzten Fülle von Löschobjekten nicht eingegangen werden. Es darf jedoch grundsätzlich festgestellt werden, dass feste Brandstoffe durch das Trockenlöschpulver überhaupt nicht beeinflusst werden.

Auf dieser Tatsache beruht die Beliebtheit des Trockenlöschers beim Ablöschen von Zimmerbränden, Bürobränden, Bränden in Textilfabriken usw. Nach Beendigung des Löschens wird durch Zusammenkehren der Rückstand beseitigt. In den meisten brennbaren Flüssigkeiten ist das Trockenlöschpulver unlöslich. Es sinkt darin langsam auf den Grund; die überstehende abgelöschte Flüssigkeit kann nach einiger Zeit wieder ihrer Verwendung zugeführt werden, falls sie nicht durch den Brand selbst unzulässige Veränderungen erfahren hat. Auf manchen Flüssigkeiten bildet sich beim Löschen mit Trockenlöschpulver eine schaumige Emissionsschicht; diese verschwindet meist nach einiger Zeit von selbst wieder.

Bekämpfung von Gasbränden

Zur Bekämpfung von Gasbränden ist das Trockenlöschpulver besser als jedes andere Löschmittel geeignet. Brände von Gasen, die unter hohem Druck stehen, können fast nur mit Trockenpulver beherrscht werden. Solche Brände entstehen häufig an Propan-, Butan-, Azetylen- und Wasserstoffflaschen. Auch bei der Bekämpfung der schwer löschbaren „Karbidbrände", die tatsächlich Azetylenbrände sind, bewährt sich das Trockenlöschpulver.

Bekämpfung von Flüssigkeitsbränden

Auf Grund seiner schlagartigen Löschwirkung wird der Trockenlöscher dort angewendet, wo es gilt, sich rasch entwickelnde Entstehungsbrände abzufangen. Solche Brände können in Garagen, an Vergasern und Treibstoffbehältern von Kraftfahrzeugen, bei Bruchlandungen von Flugzeugen und ähnlichen Gelegenheiten auftreten. Der letztere Fall ist durch die Ausbreitung des Luftverkehrs besonders aktuell geworden. Bei Bruchlandungen reißen meist die Tragflächen auf und der ausfließende Brennstoff entzündet sich an heißen Teilen, z.B. an den Auspuffstutzen. Hierbei entwickelt sich in wenigen Sekunden ein verhältnismäßig großer Brand.

Eine Rettung der Besatzung und der Passagiere ist nur möglich, wenn eine in kürzester Zeit eintreffende Löschmannschaft mit einem Schnellangriffsfahrzeug und einem Löschmittel angreift, das die Flammen schlagartig löscht. Analoge Einsatzfälle gibt es in der chemischen Industrie, wo sich beispielsweise Lösungsmittel beim Bruch von Rohrleitungen, Undichtwerden von Behältern und Flanschen entzünden können.

Das Trockenlöschpulver eignet sich auch zur Bekämpfung von Bränden hydrophiler Flüssigkeiten, wie Methanol, Äthanol, Azeton usw. Diese Flüssigkeiten sind „ Schaumfresser", d. h. sie zerstören das für den Schutz von Erzeugungs-, Verarbeitungs- und Lagerungsstätten größerer brennbarer Flüssigkeitsmengen üblicherweise vorgesehene Löschmittel. Es ist nicht ausgeschlossen, dass die Entwicklung dahin führen wird, an Stelle von Schaum in diesen besonderen Fällen künftig Trockenlöschpulver zu verwenden.

Bekämpfung von Festkörperbränden

Bestrebungen, das Trockenlöschverfahren von der Bekämpfung von Bränden glutbildender Stoffe, wie z. B. von Holz, Textilien usw., auszuschließen, müssen als überholt angesehen werden. Der Glutbrandperiode des Holzes geht eine verhältnismäßig langdauernde Flammbrandperiode voraus. Da Handfeuerlöscher zur Bekämpfung von Entstehungsbränden bestimmt sind, wird kaum mit einer längeren Einsatzzeitspanne als höchstens 5 Minuten zu rechnen sein. Innerhalb dieser Zeit herrscht aber der Flammbrand noch vor.

Die Flammen als Hauptgefahr lassen sich mit Trockenlöschpulver schnell beseitigen, das Nachlöschen von möglicherweise schon vorhandenen Glutnestern mit Wasser kann dann mühelos geschehen. In Textilfabriken, wo es darauf ankommt, wertvolle Maschinen vor Schaden durch Löschmittel zu bewahren, ist der Trockenlöscher seit langem unentbehrlich geworden.

5.7 Gruppe 3: Löschmittel, die teils kühlend, teils erstickend wirken

5.3.1 Schäume oder Netzmittel

Obwohl der Prozentsatz der mit Schaum gelöschten Brände nach wie vor noch sehr gering ist, besitzt dieses Löschmittel eine alle anderen überragende Bedeutung, weil die größten und gefährlichsten im Bereich der neuzeitlichen Technik vorkommenden Brände, nämlich die in den Raffinerien und Tanklagern der Mineralölindustrie, heute zuverlässig nur mit Schaum oder Netzmittel gelöscht werden können. Dieser Bedeutung entsprechend, wurde über das Löschmittel oder Netzmittel mehr gearbeitet und veröffentlicht als über alle anderen Löschmittel zusammengenommen; die nachfolgenden Ausführungen gründen sich daher auf eine reiche Literatur.

Das Luftschaumverfahren übertraf in der Folge die anderen Verschäumungsverfahren an Bedeutung und ist heute das Verschäumungsverfahren schlechthin, vor allem bei fahrbaren Geräten und stationären Anlagen.

Das chemische Verfahren und das mechanische Druckgasverfahren werden fast nur noch in einigen Handfeuerlöschertypen angewendet. Das Luftschaumverfahren hat in den letzten 25 Jahren eine reiche apparative und chemische Ausgestaltung erfahren.

5.3.2 Allgemeines

In der Löschwirkung besteht zwischen den Schäumen, die nach verschiedenen Verfahren erzeugt werden, zwar kein grundsätzlicher, wohl aber ein gradueller Unterschied; denn es dürfte keinem Zweifel unterliegen, dass die Anforderungen an Feuerlöschschaume vom Luftschaum in weitaus vollkommener Weise erfüllt werden als vom chemischen Schaum oder vom Druckgasschaum. Aus diesem Grunde wird der Schwerpunkt der folgenden Ausführungen auf den Luftschaum gelegt.

5.3.3 Die Löschwirkung des Schaumes

Wie bereits weiter oben erwähnt wurde, wirkt der Schaum gleichzeitig erstickend und kühlend. Dabei ist es nicht so, dass einer der beiden Effekte grundsätzlich der Haupteffekt und der andere der Nebeneffekt wäre; es kann vielmehr der Stickeffekt oder der Kühleffekt der vorwiegend die Löschwirkung bedingende Effekt sein. Maßgebend ist hierfür die Art de Brandstoffes.

Lange Zeit wurde angenommen, dass der Schaum nur durch Entfaltung des Stickeffektes löschen würde, und dass durch den Schaum „ein wirksamer Abschluss der Brandstätte von der Luft und damit ein Ersticken der Flammen bewirkt wird".

(*Forschung und Technik im Brandschutz 2/55, VFDB-Zeitschrift*)

6 Schwerlöschbare Brandstoffe

Als schwerlöschbar pflegt man solche Brandstoffe zu bezeichnen, die mit herkömmlichen und in der Praxis eingeführten Löschmitteln sehr schwer, u. U. gar nicht gelöscht werden können und für die absolut sicher wirkende Löschmittel noch nicht gefunden werden konnten.

6.1 Leichtmetalle

Als brennbare Leichtmetalle verdienen hauptsächlich die Alkalimetalle, Kalium und Natrium, und das Erdalkalimetall Magnesium sowie das Aluminium mit seinen Legierungen Beachtung.

Die Gründe, aus denen sich die Anwendung von Wasser und wasserhaltigen Löschmitteln, also Netzwasser, Emulsionen und Schaum, verbietet, sind bekannt. Auch Trockenlöschpulver auf der Basis von Natriumhydrogenkarbonat ist nicht geeignet, da es in der Hitze Wasser abspaltet. Die Kohlensäure reagiert ebenfalls mit den Alkalimetallen, auch mit Magnesium. Letzteres brennt sogar in einer CO-Atmosphäre unter heftigem Prasseln, wobei das Magnesium dem CO_2 den Sauerstoff unter Zurücklassung von Kohlenstoff entreißt. Mit verschiedenen Halogenkohlenwasserstoffen reagieren die Leichtmetalle explosionsartig.

Zum Löschen der Alkalimetalle werden Sand, Steinsalz und wasserfreie Soda vorgeschlagen. Einige Löschmittel zum Ablöschen von Magnesium sind auf dem Markt.

6.2 Kohlenstaub und Ruß

Bei den Kohlenstaubbränden kommt es vor allem darauf an, wie alt die Kohle und wie fein ihre Verteilung ist. Je kleiner die Kohlenstaubteilchen und je jünger die Kohlen sind, umso gefährlicher sind die Brände und umso schwerer sind sie zu löschen. Ganz besonders gefährlich ist der Braunkohlenstaub. Kohlenstaubbrände ereignen sich hauptsächlich in den Bunkern der mit Kohlenstaub beheizten Feuerungen, in Brikettfabriken und in Kohlenbergwerken.

Der Russ kann in Schornsteinen in Brand geraten, aber auch Russlager, z. B. in Gummifabriken, geben zuweilen Anlass zu Bränden.

Die Frage nach dem geeigneten Löschmittel hängt nicht nur vom Brandstoff selbst, sondern auch von den örtlichen Gegebenheiten ab. Auf horizontalen Flächen abgelagerter Kohlenstaub oder Russ darf, wenn er an einer Stelle in Brand geraten ist, keinesfalls mit einem rasanten Löschstrahl, sei es ein Wasserstrahl, ein Löschpulverstrahl oder ein CO2-Strahl, bekämpft werden, da sonst der aufliegende Kohlenstaub hochgewirbelt wird, wodurch es nicht nur zu einer Ausweitung des Brandes, sondern u. U. zu einer gefährlichen Kohlenstaubexplosion kommen kann.

Wasser und Netzwasser in Form eines weichen Sprühstrahls sind in solchen Fällen geeignete Löschmittel. Bei Kohlenstaubbränden auf Halden oder in Bunkern oder bei Bränden von Russlagern hat das „Ersäufen" wenig Wert. Viel sicherer wird der Erfolg erreicht, wenn – soweit das möglich ist – die Brandnester freigelegt und dann bekämpft werden. Dadurch wird Wasser eingespart, Wassernebenschäden werden vermieden und der Erfolg wird rascher und sicherer erzielt. Bei Kaminbränden hat sich Trockenlöschpulver bewährt.

6.3 Textilien

Die beiden wichtigsten Löschmittel für Textilbrände sind das Wasser (Netzwasser) und das Trockenlöschpulver. Für die Anwendung des Wassers kommen in Ballenlagern, Fertigwarenlagern, auch Warenhäusern, Bekleidungsgeschäften usw., hauptsächlich Sprinkleranlagen in Frage.

In Erzeugungs- und Verarbeitungsbetrieben, wie Spinnereien, Webereien, darf Wasser im Allgemeinen nicht angewendet werden, da es die empfindlichen Textilmaschinen schädigen würde. Seit Jahrzehnten wird hier mit Erfolg Trockenlöschpulver eingesetzt. Ein besonderer Vorzug des Trockenlöschpulvers besteht in diesen Fällen darin, dass das abzulöschende Textilmaterial nicht angefeuchtet wird, so dass nach dem Ablöschen der Betrieb sofort weiterlaufen kann. Aus dem Textilmaterial kann das Trockenlöschpulver ausgeschüttelt oder ohne Nachteil für das Textilgut später ausgewaschen werden.

6.4 Treibstoff- und Ölbrände

Der Kraftfahrzeugverkehr und die Luftfahrt machen die Gewinnung, Verarbeitung, Lagerung und Verwendung immer größerer Mengen brennbarer Gase und Flüssigkeiten erforderlich. Abgesehen von den besonderen Umständen gab und gibt es in den Erzeugungs-, Verarbeitungs-, Lagerungs- und Verwendungsstätten der Mineralöl- und verwandten Industrie immer wieder Brände, die z. T. riesige Ausmaße annahmen und annehmen. Der modernen Feuerlöschtechnik stehen Mittel zur Verfügung, um diese Brände zu beherrschen. Bei Beschränkung der Betrachtung auf Grossbrände müssen als Löschmittel in der Hauptsache der Luftschaum, daneben Kohlensäure und Trockenlöschpulver genannt werden.

6.5 Brände unter Druck stehender Gase und Flüssigkeiten

Solche Brände treten an schadhaften Stellen, z.B. leckenden Leitungen, undichten Flanschverbindungen usw., von Flüssiggasanlagen oder Anlagen der chemischen Industrie, vor allem der Mineralölindustrie (Raffinerien), auf.

(*Forschung und Technik im Brandschutz 2/55, VFDB-Zeitschrift*)

7 Grubenbrände

Man unterscheidet offene und versteckte Grubenbrände. Die versteckten Grubenbrände machen sich nur durch das Auftreten von Brandgasen bemerkbar. Ein direktes Ablöschen ist nicht möglich; die Brandnester liegen meist in alten Abhauen, die infolge schlechter Verdämmung mit einem Schleichwetterstrom und dadurch mit Sauerstoff versorgt werden.

Die Schwierigkeit des Ablöschens offener Grubenbrände liegt darin, dass sie nur von einer Seite, nämlich der Frischwetterzufuhrseite, bekämpft werden können. Der Brand breitet sich in Richtung des Wetterstroms aus.

Für den Löscherfolg ist entscheidend, dass ein offener Grubenbrand frühzeitig und energisch bekämpft wird; der Löschvorgang muss schneller voranschreiten, als der Brand sich infolge der Frischwetterzufuhr fortpflanzt. Zur Bekämpfung offener Grubenbrände gibt es nur zwei Löschmittel, nämlich das Wasser und den Schaum. Die speziell für den Einsatz unter Tage ausgebildeten Schaumlöschgeräte sind zumeist Luftschaumlöscher. Auch Wirkdruckzumischer für den untertägigen Einsatz zum Anschluss an die Druckwasserleitung wurden geschaffen. Zur Bekämpfung von Bränden an Diesel- und Elektrolokomotiven werden CO_2 und Trockenlöschpulver eingesetzt; auch mit kleinen Luftschaumlöschern werden Grubenlokomotiven ausgerüstet.

(Forschung und Technik im Brandschutz 2/55, VFDB-Zeitschrift)

8 Brände in elektrischen Anlagen

In Schwachstromanlagen, wie Fernsprechvermittlungen, Sende- und Empfangsanlagen, Verstärkeranlagen, treten durch Kurzschluss zuweilen Brände auf, die mit Rücksicht auf die sehr empfindlichen Schaltkontakte nur mit nicht aggressiven Löschmitteln bekämpft werden dürfen. Die früher bekannten Halogenkohlenwasserstoffe mit sehr gutem Löscherfolg scheiden als Löschmittel aus, da sie wegen ihrer Giftigkeit in geschlossenen Räumen sowie aus Umweltschutzgründen nicht angewendet werden dürfen. Wasser und wasserhaltige Löschmittel kommen naturgemäß nicht in Frage. Trockenlöschpulver scheidet aus, weil es die komplizierten Anlagen durch Staubablagerungen schädigt. Die Kohlensäure bzw. andere bekannte Löschgase haben sich bewährt und werden heute allgemein für derartige Anlagen vorgesehen.

(Forschung und Technik im Brandschutz 2/55, VFDB-Zeitschrift)

Schwalmtal, dem 17.12.2009

Rainer Jaspers

Literatur

1. (*Forschung und Technik im Brandschutz 2/55, VFDB-Zeitschrift*)
2. (*Staatsverlag DDR, Brandschutzformeln und Tabellen, Berlin 1977*)
3. (*Seekamp: Die Zukunft der Feuerschutzmittel, 1957; Ziffer 3. – 8.*)
4. Bauphysik Handbuch, Brandschutz, Vieweg 2004